Kapitel 1 Der Luftdruck und seine vertikale Verteilung in warmer und kalter Luft

Je größer das Gewicht einer Luftsäule ist, a) desto .... ist die Kraft, die sie auf die Unterlage ausübt; b) desto größer ist also der **1.01**

Da die Luftsäule über B kleiner ist als über A, ist der Luftdruck bei B .... als bei A. **1.02**

Bergstation ....mb

Talstation............mb **1.03**

C mit 500 mb liegt .... von B. **1.04**

Der Luftdruck nimmt mit der Höhe **1.05**

Bei Erwärmung dehnt sich die Luft nach .... aus. **1.06**

Eine 5000 m hohe Luftsäule ist nach einer Erwärmung um 3°C rund .... m hoch. Ausrechnung: **1.07**

Größter Luftdruck = ... mb in ..... m Höhe **1.08**

mittlerer Luftdruck = ... mb in ..... m Höhe

niedrigster Luftdruck = ...mb in ..... m Höhe

In beiden Säulen beträgt jetzt der Luftdruck: am Boden (0 m Höhe) .... mb, **1.09**

in h_1 m Höhe .... mb,

in h_2 m Höhe .... mb.

2 Bahrenberg, Arbeitshefte 3 (22722)

1.10 Nach Erwärmung der rechten Luftsäule:

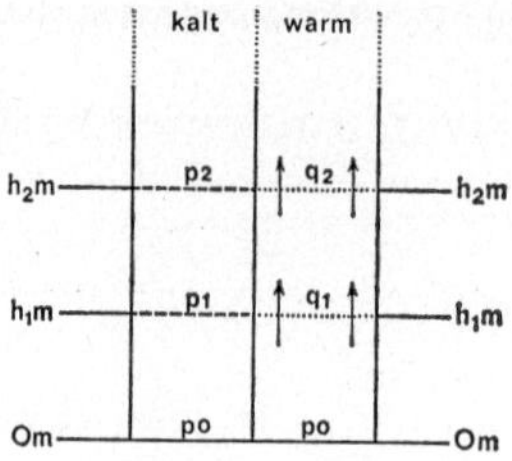

q_1 ist .... p_1,

q_2 ist .... p_2.

1.11 a) In der rechten Säule werden die Luftdruckwerte p_1 und p_2 in .... Höhe über dem Grund der Säule gemessen als vorher. M. a. W.:

b) In gleicher Höhe über dem Grund der Säule ist der Luftdruck in der .... Säule größer als in der .... Säule.

1.12 Nach der Erwärmung der Luft in der rechten Säule herrscht am Boden beider Säulen der .... Luftdruck. Er beträgt .... mb.

1.13 a) Bei gleichem Luftdruck am Boden herrscht in der Höhe in warmer Luft relativ .... Luftdruck, in kalter Luft relativ .... Luftdruck.

b) Allgemein gilt: In kalter Luft nimmt der Luftdruck mit der Höhe .... ab als in warmer.

1.14 Die Luft wird sich in der Höhe vom .... Gebiet ins .... Gebiet in Bewegung setzen.

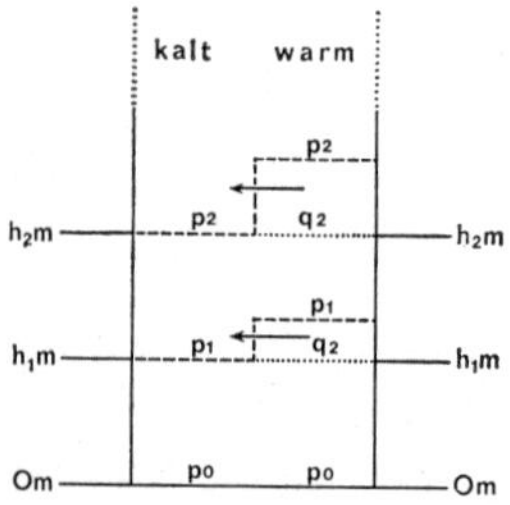

1.15 Wenn im rechten/wärmeren Teil Luft abzieht, dann ....

....

....

....

1.16 Daraus resultiert am Boden eine Luftbewegung vom .... ins .... Gebiet.

1.17

Die im kalten Gebiet unten abfließende Luft muß durch von oben absinkende Luft ersetzt werden. Die im warmen Gebiet oben abfließende Luft wird durch Luft ersetzt, die von

....

1.18

Dieser Kreislauf der Luftbewegung bleibt so lange erhalten, wie die Temperaturunterschiede zwischen den beiden Gebieten weiterbestehen:

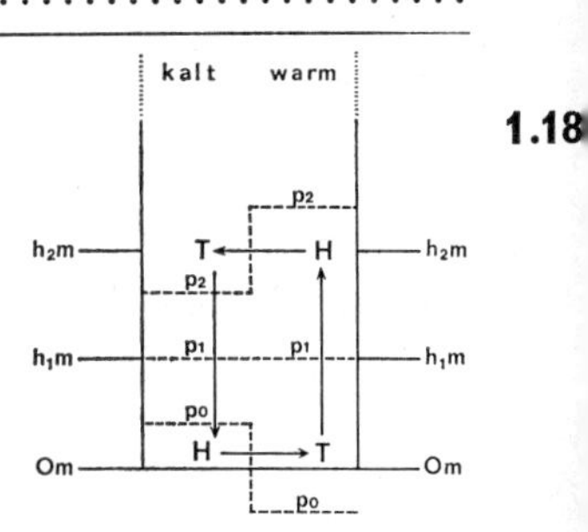

a) *In kalten (warmen) Gebieten herrscht*
   am Boden relativ .... (.................) *Luftdruck,*
   in der Höhe relativ ....(......................) *Luftdruck.*

b) *Daraus resultiert eine Luftbewegung, die*
   in der Höhe vom .... *ins* .... *Gebiet,*
   am Boden vom .... *ins* .... *Gebiet führt.*

c) *Im kalten Gebiet muß die Luft von oben* ....
   im warmen Gebiet muß die Luft von unten ....

1.19

Luftdruckverteilung im Meeresniveau in mb (Bodenisobaren) am 17. 10. 1967

Quelle:
Täglicher Wetterbericht vom 17. 10. 1967

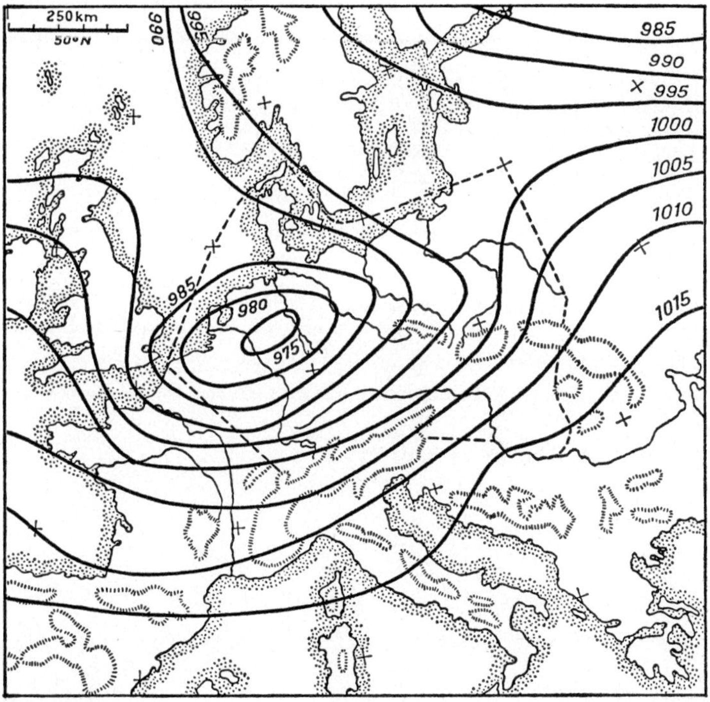

Kennzeichnen Sie bitte das Gebiet mit dem niedrigsten Bodenluftdruck durch ein **T**.

1.20 *Die wichtigsten Wetterelemente werden nicht nur am Boden, sondern mit Hilfe geeigneter Geräte auch .... gemessen.*

1.21

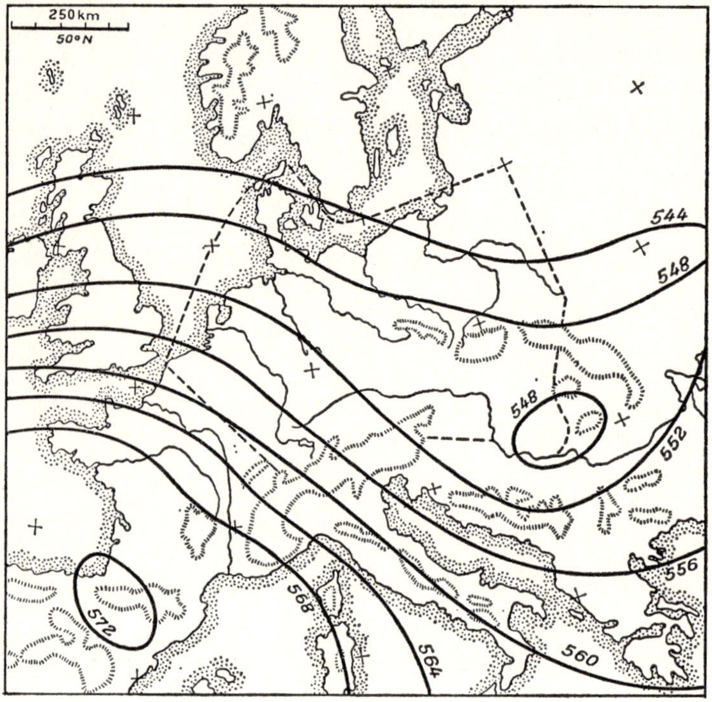

Luftdruckverteilung in 5000 m Höhe in mb (Höhenisobaren) am 9. 10. 1971

Quelle: Täglicher Wetterbericht vom 9. 10. 1971

Kennzeichnen Sie bitte das Gebiet mit dem höchsten Höhenluftdruck durch ein **H**.

1.22 *a) Gebiete mit relativ tiefem Luftdruck in der Höhe werden ....*

.... oder kurz .... genannt,

b) solche mit relativ tiefem Luftdruck im Meeresniveau bezeichnet man als ....

... oder ....

1.23 In relativ zur Umgebung **warmen** Gebieten findet sich in Bodennähe ein Tiefdruckgebiet, das in der Höhe von einem Höhenhochdruckgebiet überlagert wird.

In relativ zur Umgebung **kalten** *Gebieten ....*

....

....

....

....

a) *Hitzetiefs sind in der Höhe von einem .... überlagert,* **1.24**

b) *Kältehochs sind in der Höhe von einem .... überlagert.*

---

a) *In den Gebieten um .... herrscht Warmluft,* **1.25**

in den Gebieten um .... herrscht Kaltluft vor.

b) *In gleicher Höhe ist der Luftdruck über Gebieten mit Warmluft .... (größer, kleiner) als über Gebieten mit Kaltluft.*

c) *Deshalb findet sich in der Höhe (gleiche Höhe, z. B. 5000 m, vorausgesetzt):*

an den Polen ....

am Äquator ....

---

a) *Die Luftmassen um den Äquator sind bis etwa 35° geogr. Breite einheitlich .... (warm, kalt).* **1.26**

b) *Die Luftmassen um die Pole sind bis etwa 65° geogr. Breite einheitlich ....*

c) *Der Temperaturgegensatz zwischen Äquator und Pol ist auf die Gebiete zwischen .... und .... geogr. Breite konzentriert.*

---

a) *In gleicher Höhe ist der Luftdruck am Äquator größer als an den Polen, weil ....* **1.27**

..

..

b) *Zwischen dem Äquator und 35° geogr. Breite einerseits und zwischen den Polen und 65° geogr. Breite andererseits verändert sich der jeweilige Höhenluftdruck nicht, weil ....*

..

..

c) *Die Unterschiede im Höhenluftdruck sind zwischen 35° und 65° am größten, weil*

..

..

1.28 *Auf beiden Halbkugeln der Erde findet sich jeweils eine Frontalzone in den mittleren Breiten zwischen .... und ....*

1.29 *a) Wir beobachten auf der Erde vom Äquator zum Pol mit zunehmender Breite eine .... der Lufttemperatur.*

b) Aus dem Temperaturgefälle resultiert in der Höhe ein Luftdruckgefälle vom .... zu ....

c) Das Temperatur- und das Höhenluftdruckgefälle vom Äquator zu den Polen sind auf die mittleren Breiten zwischen 35° und 65° (Frontalzone) ....

Kapitel 2 Der Wind und seine Kräfte

2.01 *Die Luftbewegung folgt einer Kraft, die vom .... Luftdruck zum .... Luftdruck gerichtet ist.*

2.02 *Luftdruckgradient und Gradientkraft haben die .... Richtung.*

2.03 *Die Gradientkraft wirkt .... zu den Isobaren.*

2.04

Luftdruckverteilung im Meeresniveau mit gekrümmten Isobaren und Gradientkraft g

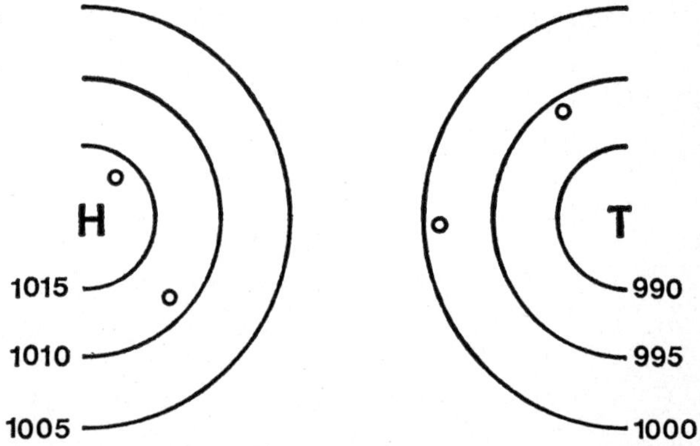

H T

1015 990

1010 995

1005 1000

⟶ *Gradientkraft g*

Höhendruckverteilung:

	mb	2.05
T		
	544	
	548	
	552	
	556	
H		

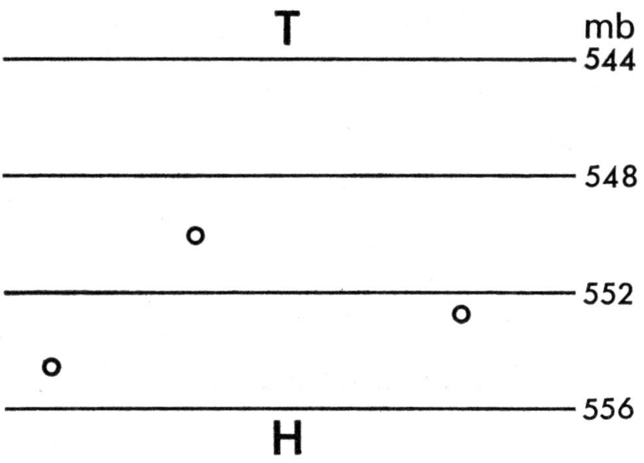

⟶ *Gradientkraft g*

a) *Bei größerem Luftdruckgefälle werden die Winde* **2.06**

b) In den Wetterkarten sind die Isobaren immer im gleichen mb-Abstand eingezeichnet: *Je enger die Isobaren beieinander liegen, desto*

.... *sind der Luftdruckgradient und die Gradientkraft.*

2.07

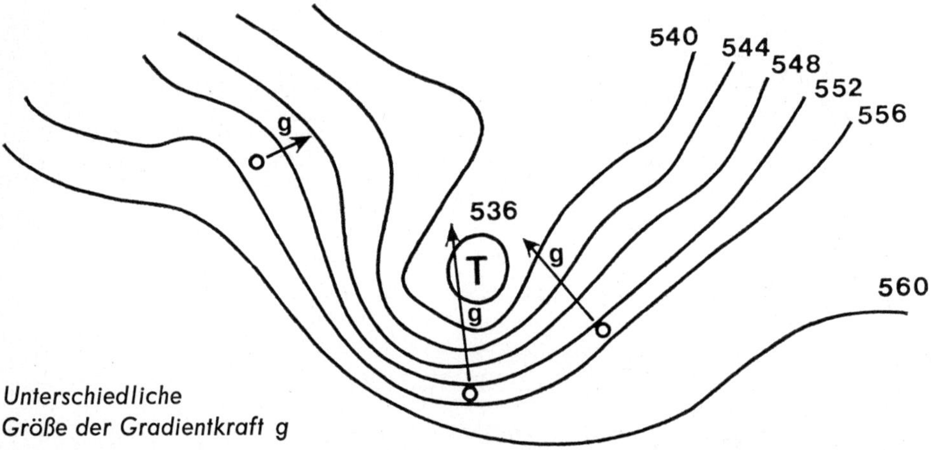

540 544 548 552 556 536 T g g g 560

Unterschiedliche Größe der Gradientkraft g

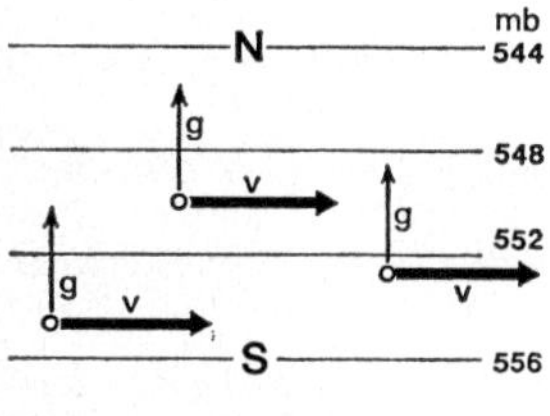

2.08

mb N 544 g v 548 g 552 v g v S 556

Höhenluftdruckverteilung mit von Süden nach Norden abnehmendem Luftdruck

Würden die Winde nur von der Gradientkraft abhängen, müßten sie

von .... *nach* .... *wehen.*

2.09 *In der vorausgehenden Abbildung wehen die Winde (Pfeile* **v***) etwa*

a) .... zur Gradientkraft

b) .... zu den Höhenisobaren.

c) Außer der Gradientkraft muß also noch eine andere .... auf die Winde einwirken.

2.10 *Auf der Südhalbkugel bewirkt die Corioliskraft* **c** *eine Ablenkung nach ....*

2.11

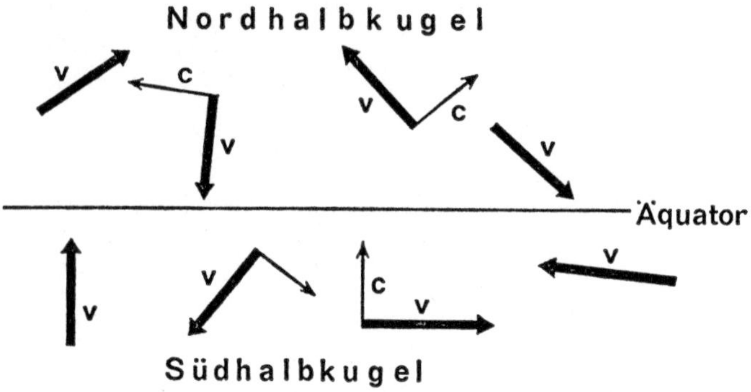

Nordhalbkugel

v c v v c v

Äquator

v v c v v

Südhalbkugel

Winde **v**
Corioliskraft **c**

2.12

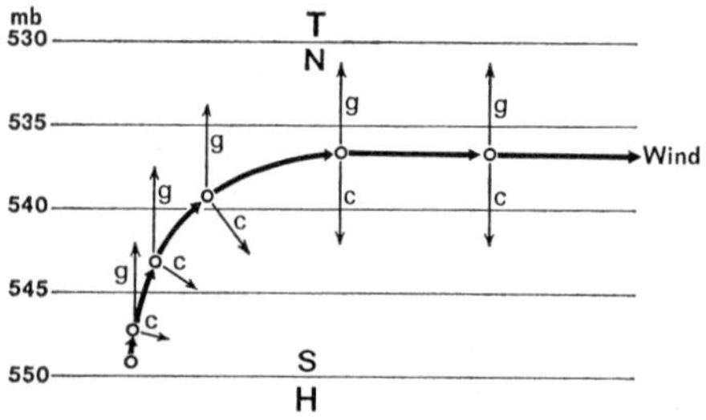

mb
530 T N
535 g g
540 g g c c Wind
545 g c c
550 c S H

Luftdruckverteilung
auf der Nordhalbkugel
Die Gradientkraft ist überall
von ....
nach .... gerichtet.

2.13 *Sobald sich ein Luftteilchen bewegt (immer zunächst nach N), wirkt die Corioliskraft nach rechts, wodurch das Luftteilchen etwas aus der ursprünglichen Richtung*

nach .... abgelenkt wird.

2.14 *Mit der Zunahme der Windgeschwindigkeit erfolgt eine .... der Corioliskraft (s. o., Abb. 2.12).*

2.15 *Die dauernde Richtungsänderung des Luftteilchens geschieht so lange, bis es sich*

.... zu den Höhenisobaren bewegt. Dann heben sich Gradientkraft und Corioliskraft gegenseitig auf. Dazu müssen Gradientkraft und Corioliskraft

a) .... Richtung und b) .... Stärke haben.

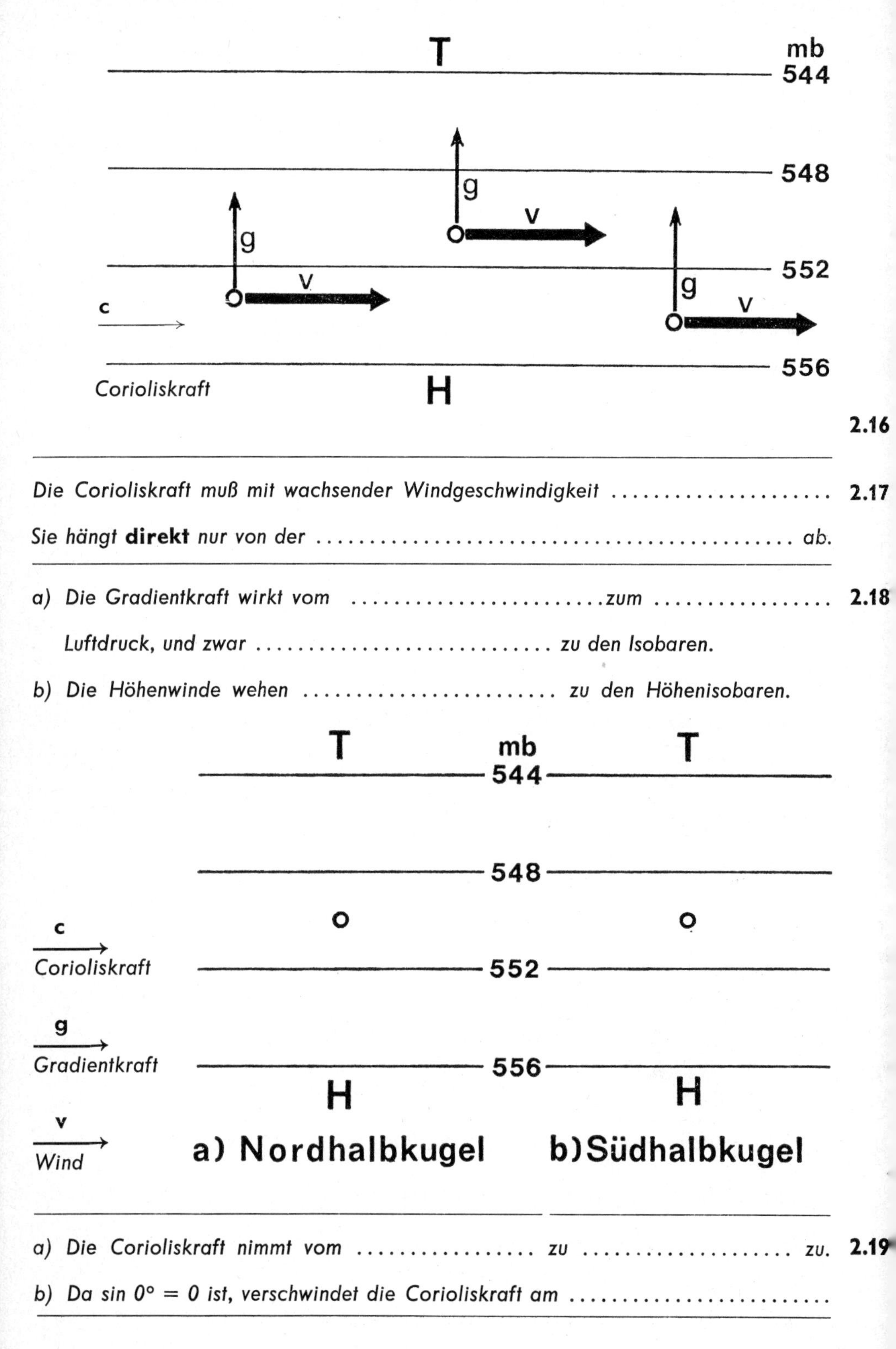

2.16

Die Corioliskraft muß mit wachsender Windgeschwindigkeit **2.17**

Sie hängt **direkt** *nur von der .... ab.*

a) Die Gradientkraft wirkt vom .... zum **2.18**

Luftdruck, und zwar .... zu den Isobaren.

b) Die Höhenwinde wehen .... zu den Höhenisobaren.

a) Die Corioliskraft nimmt vom .... zu .... zu. **2.19**

b) Da sin 0° = 0 ist, verschwindet die Corioliskraft am ....

2.20 *a) Am Äquator hängt die Richtung der Winde nur von der ....*

.... ab.

b) Darum wehen die Winde am Äquator direkt vom .... zum

..

2.21 *a) Durch die Reibungskraft werden die Winde ....*

b) Die Verringerung der Windgeschwindigkeit durch die Reibungskraft hat eine Verringerung der .... zur Folge.

2.22 Winde innerhalb der Bodenreibungsschicht bei vorgegebener Bodendruckverteilung auf der Nordhalbkugel

a) Welche Kräfte wirken auf die jeweilige Luftbewegung ein? ....

..

b) In der Bodenreibungsschicht weht der Wind nicht mehr Parallel zu den Isobaren, sondern mehr oder weniger zum .... Luftdruck hin.

c) Die Reibungskraft hat die .... Richtung wie die Luftbewegung.

2.23 *Innerhalb der Bodenreibungsschicht halten .... und .... zusammen der Gradientkraft die Waage.*

2.24 *a) Einer stärkeren Ablenkung der Windrichtung zum tiefen Luftdruck hin entspricht eine .... Reibungskraft.*

b) Je größer die Reibungskraft ist, desto .... werden die Luftdruckunterschiede ausgeglichen.

Hoch- und Tiefdruckgebiete weisen über den Ozeanen eine längere Lebensdauer auf als über den Kontinenten. Begründung: **2.25**

....

....

....

....

....

Wir vernachlässigen die Zentrifugalkraft (Fliehkraft). **2.26**

a) Das bedeutet: Auch bei kreisförmigen Isobaren betrachten wir in der Höhe nur die .... und die ....

b) In Bodennähe müssen wir außerdem als dritte Kraft die........................ .... berücksichtigen.

---

a) In der Höhe wehen die Winde .... zu den Isobaren, **2.27**

b) in Bodennähe werden sie etwas zum .... Luftdruck hin abgelenkt.

c) Auf der Nordhalbkugel werden die Winde in der Höhe durch die Corioliskraft um 90° aus der Richtung der .... nach .... abgelenkt.

d) Auf der Südhalbkugel erfolgt die Ablenkung der Höhenwinde um 90° nach ....

Einige Luftdruckgradienten auf der Nord- und Südhalbkugel **2.28**

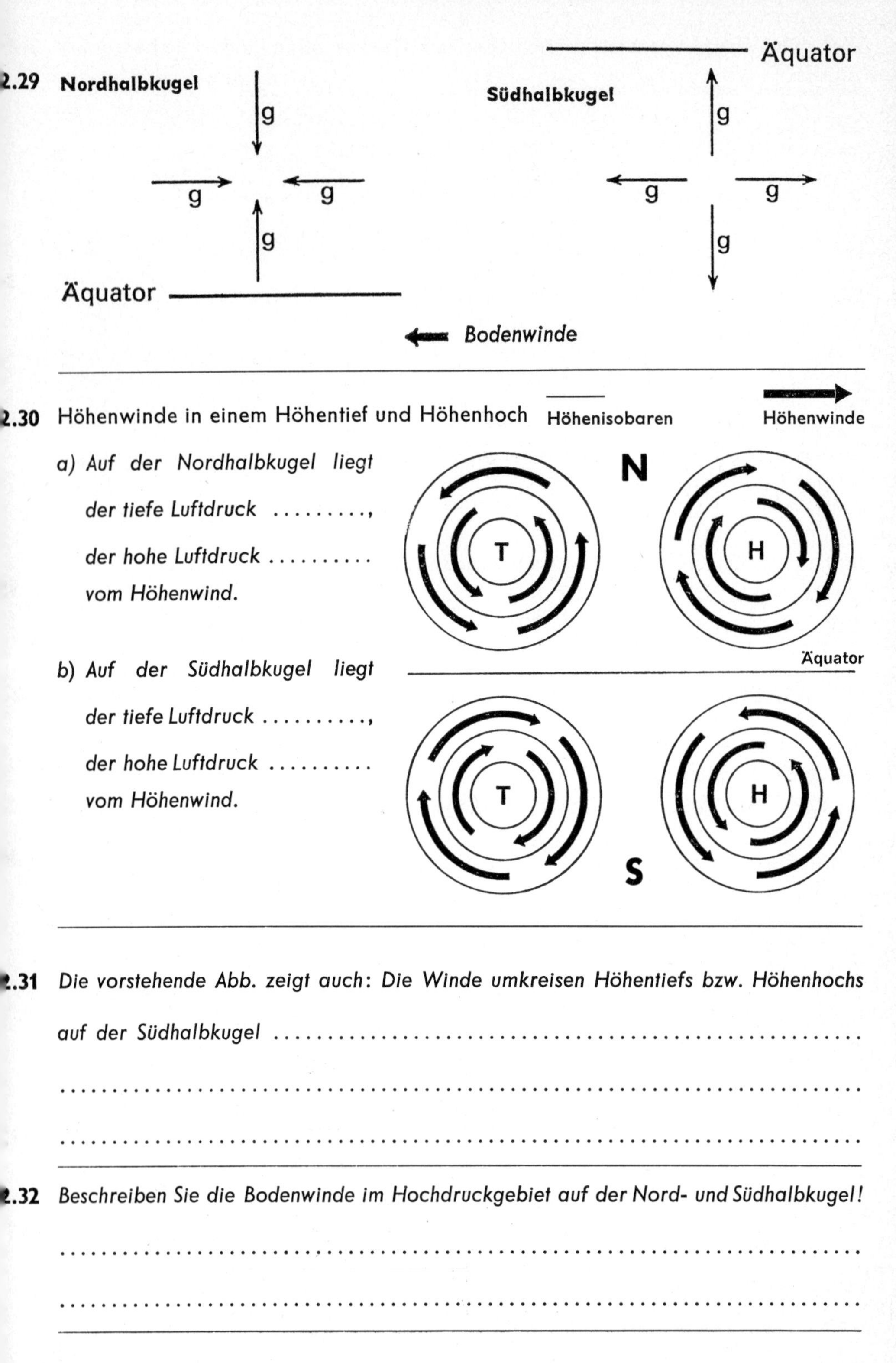

2.29 Nordhalbkugel / Südhalbkugel

2.30 Höhenwinde in einem Höhentief und Höhenhoch

a) Auf der Nordhalbkugel liegt
der tiefe Luftdruck ....,
der hohe Luftdruck ....
vom Höhenwind.

b) Auf der Südhalbkugel liegt
der tiefe Luftdruck ....,
der hohe Luftdruck ....
vom Höhenwind.

2.31 *Die vorstehende Abb. zeigt auch: Die Winde umkreisen Höhentiefs bzw. Höhenhochs auf der Südhalbkugel* ....

....

....

2.32 *Beschreiben Sie die Bodenwinde im Hochdruckgebiet auf der Nord- und Südhalbkugel!*

....

....

2.33

a) *Bewegt sich die Luft von Norden nach Süden, so spricht man von einem ....*

b) *Dann wird also bei einem N-S-Druckgefälle in der Höhe der Wind auf der Nordhalbkugel zu einem .... und auf der Südhalbkugel zu einem .... abgelenkt.*

2.34

a) *Auf der Nordhalbkugel ist das Druckgefälle von .... nach .... gerichtet, auf der Südhalbkugel von .... nach ....*

b) *Daraus resultiert in der Höhe auf der Nordhalbkugel ein ....-wind, auf der Südhalbkugel ein ....-wind.*

2.35

Wenn innerhalb der Bodenreibungsschicht die Winde um 45° von der Richtung der Isobaren zum tiefen Druck hin abgelenkt werden, dann wird aus dem westlichen Höhenwind in Bodennähe

a) *auf der Nordhalbkugel ein ....,*

b) *auf der Südhalbkugel ein ....*

2.36

Gradient-kraft	Nordhalbkugel		Südhalbkugel	
	Höhenwind	Bodenwind	Höhenwind	Bodenwind
N → S				
O → W				
S → N				
W → O				

2.37

a) *Bei einem Luftdruckgefälle von niederen zu höheren Breiten (vom Äquator zum Pol) ergeben sich auf beiden Halbkugeln in der Höhe .... Winde.*

b) *Bei einem Luftdruckgefälle von höheren zu niederen Breiten ergeben sich auf beiden Halbkugeln in der Höhe .... Winde.*

Kapitel 3 Die Frontalzone

3.01 *Auf der Erde besteht in der Höhe ein Druckgefälle, das auf die mittleren Breiten konzentriet ist. Dieses Druckgefälle ist auf beiden Halbkugeln vom ....*

zum...................... gerichtet.

3.02 *Aus der in den mittleren Breiten vom Äquator zum Pol gerichteten Gradientkraft resultiert durch die Wirkung der Corioliskraft auf beiden Halbkugeln eine von ....*

nach .... gerichtete Höhenströmung.

3.03 *Die planetarische Frontalzone bzw. der Westwindgürtel finden sich auf beiden Erdhalbkugeln in der Höhe etwa zwischen den geographischen Breiten ....*

und ....

3.04 *Die Geschwindigkeit der westlichen Höhenwinde nimmt mit der Höhe ....*

3.05 Ausschnitt aus der planetarischen Frontalzone auf der Nordhalbkugel

a) *Ausbuchtungen gegen den Pol heißen*

....

b) *Ausbuchtungen gegen den Äquator heißen*

....

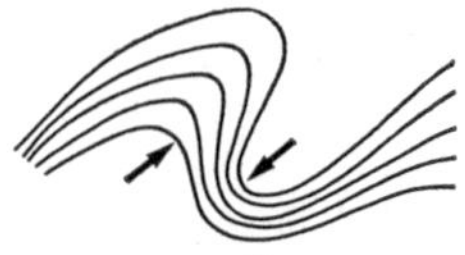

3.06 Karte des mittleren Luftdrucks in 5000 m Höhe s. letzte Seite dieses Antwortheftes.

3.07 a) *In Höhentrögen stößt Luft von Norden äquatorwärts vor, in Höhenrücken dringt Luft von Süden .... vor.*

b) *Aus den Gebieten größerer geographischer Breite (= aus höheren Breiten) äquatorwärts vordringende Luft ist immer relativ ....*

c) *aus Gebieten kleinerer geographischer Breite (bzw. aus niederen geographischen Breiten) polwärts vordringende Luft ist immer relativ ....*

3.08 a) *Auf der äquatorialen Seite der Höhentröge ist eine .... der Höhenisobaren zu beobachten.*

b) *Dieser entspricht eine .... der Gradientkraft und der Windgeschwindigkeit.*

ARBEITSHEFTE Heft 3 Testbogen

Name:

Tragen Sie bitte die richtige Antwort ein bzw. streichen Sie die falsche durch!

1. Sie messen den Luftdruck im Keller und auf dem Dach eines Hauses.

Wo ist er größer? *im Keller / auf dem Dach* ( )

2. An zwei Stationen A und B, die in gleicher Höhe über dem Meeresspiegel liegen, wird jeweils der Luftdruck 1000 mb gemessen. In 5000 m Höhe beträgt der Luftdruck über A 550 mb und über B 560 mb.

Nennen Sie die Station, über der die Luft wärmer ist! *Station A / Station B* ( )

3. a) In warmer Luft herrscht am Boden *niedriger/hoher* Luftdruck, in der Höhe *niedriger/hoher* Luftdruck.
b) In kalter Luft herrscht am Boden *niedriger/hoher* Luftdruck, in der Höhe *niedriger/hoher* Luftdruck. ( )

4. Schildern Sie den Luftkreislauf, der sich zwischen kalter und warmer Luft einstellt!

....

....

....

.... ( )

5. Begründen Sie, warum auf der Erde in der Höhe ein Luftdruckgefälle vom Äquator zum Pol besteht!

....

....

....

.... ( )

6. Auf welche Gebiete ist dieses Luftdruckgefälle konzentriert?

.... ( )

7. a) Durch welche Kraft wird die Luft in Bewegung gesetzt? ....
b) Vergleichen Sie die Richtung dieser Kraft mit der Richtung der Isobaren!

.... ( )

Punktzahl ( )

8. a) Vergleichen Sie die Richtung der Höhenwinde mit der Richtung der Höhenisobaren!

....

....

b) Welche beiden Kräfte bestimmen die Richtung der Höhenwinde?

.... (   )

9. In welche Richtung wird der Wind durch die Corioliskraft
a) auf der Nordhalbkugel, b) auf der Südhalbkugel abgelenkt?
a) nach *rechts / links* b) nach *rechts / links* (   )

10. Tragen Sie in die Tabelle die Höhenwinde ein!

Gradientkraft	*Nordhalbkugel*	*Südhalbkugel*
N—S	....	....
S—N	....	.... ( )

11. Welche Kräfte wirken auf die Bodenwinde ein?

.... (   )

12. Am Boden und in der Höhe herrsche das gleiche Luftdruckgefälle.
Vergleichen Sie die Richtung der Höhenwinde und der Bodenwinde!

....

.... (   )

13. Tragen Sie in die Tabelle die Bodenwinde ein!

Gradientkraft	*Nordhalbkugel*	*Südhalbkugel*
N—S	....	....
S—N	....	.... ( )

14. Dem Luftdruckgefälle in der Höhe vom Äquator zum Pol entsprechen in der Frontalzone der mittleren Breiten auf beiden Halbkugeln *westliche / östliche / nördliche / südliche* Höhenwinde. (   )

15. An welchen Stellen der Frontalzone bilden sich bevorzugt a) Tiefdruckgebiete und b) Hochdruckgebiete?

a) .... b) .... (   )

16. Nennen Sie den Grund für die Entstehung von Tief- und Hochdruckgebieten in der Frontalzone!

....

....

Punktzahl (   )

....

.... (   )

17. a) Wodurch kommen die subpolare Tiefdruckrinne und der subtropische Hochdruckgürtel zustande? ....

....

b) Kennzeichnen Sie die ungefähre Lage dieser beiden Luftdruckgürtel im Gradnetz! .... (   )

18. Außer diesen beiden Luftdruckgürteln gibt es auf der Erde zwei weitere, die thermisch bedingt sind und daher nur bis etwa 3 km Höhe ausgebildet sind:

1. .... 2. .... (   )

19. Nennen Sie die beiden Windgürtel auf der Erde mit vorwiegend östlichen Bodenwinden!

1. .... 2. .... (   )

20. Aus welcher Richtung weht die tropische Ostströmung am *Boden* a) auf der Nordhalbkugel und b) auf der Südhalbkugel?

a) .... b) .... (   )

21. Die Passate strömen an der .... zusammen. (   )

22. Tragen Sie die Bezeichnungen der Luftdruck- und Windgürtel der Erde einschließlich der ungefähren Breitenlage in die Tabelle ein!

Breitenlage	*Luftdruckgürtel*	*Windgürtel*
....	....	....
....	....	....
....	....	....
....	....	....
....	....	....
....	....	....
....	....	.... ( )

Punktzahl (   )

23. In 5 km Höhe gibt es auf der Erde nur 2 Windgürtel und 2 Luftdruckgürtel:

Windgürtel *Luftdruckgürtel*

1. .... 1. ....

2. .... 2. .... ( )

24. a) Ab 10 km Höhe herrschen auf der ganzen Erde .... Winde vor.

b) Sie resultieren aus dem Höhenluftdruckgefälle vom ....

zum .... ( )

Die folgenden Fragen 25—29 können Sie nur beantworten, wenn Sie den zusätzlichen, fünften Teil des Programms bearbeitet haben.

25. In welchen Gebieten der Erde verlagert sich die ITC im Sommer weit vom Äquator polwärts?

.... ( )

26. In welchen Monaten kann die ITC a) im südlichen Afrika und b) in Vorderindien liegen?

a) ....

b) .... ( )

27. Nennen Sie den Windgürtel, der sich ausbildet, wenn die ITC weit vom Äquator entfernt ist!

.... ( )

28. Aus welcher Richtung kommt die Luftbewegung dieses Windgürtels (Aufg. 27) *am Boden* a) auf der Nordhalbkugel und b) auf der Südhalbkugel?

a) .... b) .... ( )

29. Bis in welche Höhe reichen die äquatorialen Westwinde? ....

.... ( )

Punktzahl ( )

c) *Hinter dem Trog, im Delta der Frontalzone, laufen die Höhenisobaren ....* **3.08**

...............; sie di......................

---

a) *Die Luft im Norden ist .... als im Süden.* **3.09**

b) *Die Gradientkraft* **g** *ist von .... nach .... gerichtet.*

c) *Die Gradientkraft* **g** *nimmt im Einzugsgebiet allmählich ...., im Delta nimmt sie wieder allmählich ....*

d) *In der Mitte erreicht die Gradientkraft* **g** *ihr ....*

e) *Von welcher Halbkugel ist die Abbildung?*

.... **halbkugel**

N

kalt

Einzugsgebiet

Frontalzone

Delta

warm

Gradientkraft

g < g > g

S

Der Zunahme der Gradientkraft im Einzugsgebiet entspricht eine Zunahme der Windgeschwindigkeit. **3.10**

Dadurch muß im Einzugsgebiet auch die ....-kraft größer werden.

.... **3.11**

....

....

....

Im Einzugsgebiet ist durch die langsamere Zunahme der Corioliskraft die Gradientkraft immer etwas größer als die Corioliskraft. Dadurch bewegt sich die Luft im Einzugsgebiet nicht mehr parallel zu den Höhenisobaren, sondern sie wird etwas zur .... Seite der Frontalzone abgelenkt. **3.12**

Auf der linken, kalten Seite des Einzugsgebietes der Frontalzone ist ein .... an Luft festzustellen. **3.13**

3.14 *Im Delta der Frontalzone nehmen Gradientkraft, Windgeschwindigkeit und Corioliskraft ab. a) Die Abnahme der Windgeschwindigkeit und damit auch der Corioliskraft erfolgt .... als die Abnahme der Gradientkraft. b) Im Delta herrscht also dauernd ein Überschuß der ....-kraft gegenüber der ....*

..........-kraft. c) Hier kommt es deshalb zu Luftverlagerungen von der ....

.... Seite auf die .... Seite der Frontalzone.

3.15 *Siehe Abb. 3.09*

3.16 *a) Verlust an Luft bedeutet ....*

b) Auf der kalten Seite des Deltas der Frontalzone kommt es also zur Neubildung oder Verstärkung von ....-druckgebieten.

c) Auf der warmen Seite des Deltas der Frontalzone besteht dagegen die Tendenz zur Neubildung oder Verstärkung von ....

3.17 *Für das Einzugsgebiet der Frontalzone gilt:*

....

....

....

....

....

....

....

....

3.18

Ausschnitt aus der Frontalzone auf der Südhalbkugel

+ *Luftgewinn*
− *Luftverlust*

a) Die warme Luft befindet sich jetzt im ...., die kalte im ....

.... der Frontalzone.

b) Die Gradientkraft ist von .... nach .... gerichtet.

3.19

Die entscheidende Ursache für die Tendenz zur Entstehung von Tiefdruckgebieten und Hochdruckgebieten in der Frontalzone ist:

....

....

....

....

....

....

....

....

....

3.20

An den folgenden beiden Stellen ist die Entwicklung von Tiefs und Hochs besonders begünstigt:

....

3.21

Auf der Nordhalbkugel neigen die Tiefs zum Ausscheren

nach ....
die Hochs zum Ausscheren

nach ....

3.22 *a) Die Corioliskraft nimmt mit .... geographischer Breite und Windgeschwindigkeit zu. b) Auf der Nordhalbkugel ist die Corioliskraft bei gleicher Windgeschwindigkeit in Polnähe .... als in Äquatornähe. c) Die Corioliskraft wirkt auf der Nordhalbkugel immer nach ...., auf der Südhalbkugel immer nach .... zur Bewegungsrichtung.*

3.23

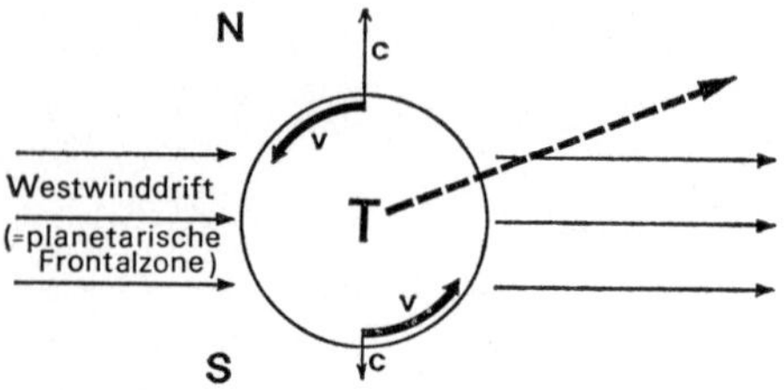

In diesem Tiefdruckgebiet herrscht überall die gleiche Gradientkraft, die jeweils zum Mittelpunkt des Tiefs weist.
Dann ist die Windgeschwindigkeit überall ....

3.24 *a) Wegen der größeren geogr. Breite sind die Corioliskräfte im nördlichen Teil .... als im südlichen.*

b) Die Corioliskraft wirkt auf der Nordhalbkugel immer nach .... Deshalb hat sie eine Komponente, die im nördlichen Teil des Tiefs nach .... und im südlichen Teil nach .... gerichtet ist.

c) Da außer der Corioliskraft alle anderen Kräfte konstant sind, wird das Tiefdruckgebiet auf der Nordhalbkugel allmählich aus der Frontalzone nach .... ausscheren.

3.25 *a) Im Hochdruckgebiet sind die Corioliskräfte auf den höheren Breiten im Norden .... als im Süden. b) Im Nordteil des Hochs sind sie nach ...., im Südteil sind sie nach .... gerichtet.*

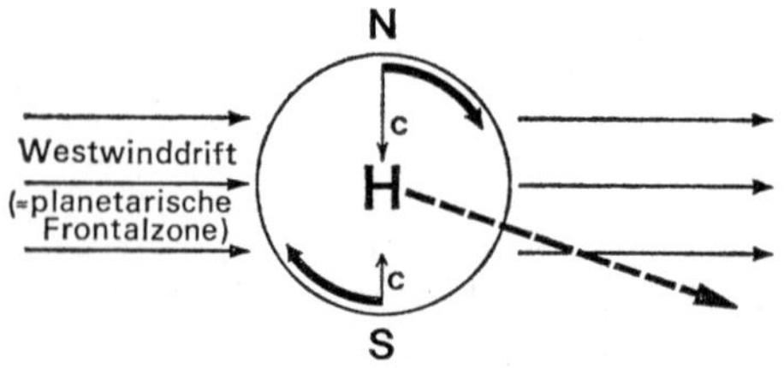

c) Die stärkeren, nach Süden gerichteten Corioliskräfte im Nordteil des Hochgebietes bewirken also ....
....
....

Tief und Hoch, beide in der westlichen Höhenströmung auf der Südhalbkugel mitschwimmend. **3.26**

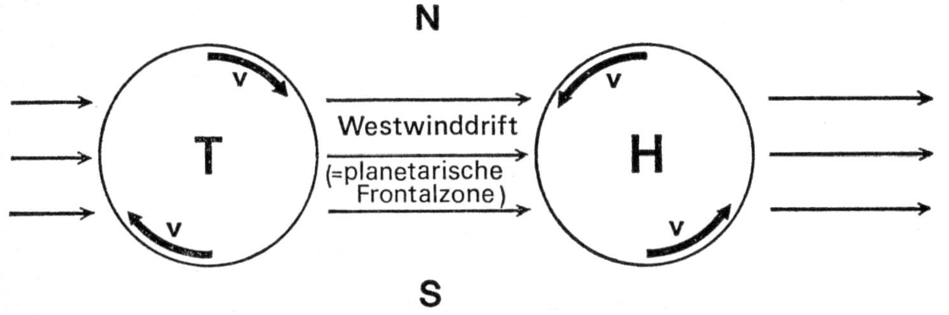

Die letzten Lerneinheiten haben Ihnen gezeigt: **3.27**
Auf der Nordhalbkugel scheren Tiefdruckgebiete nach links (= Norden), Hochdruckgebiete nach rechts (= Süden) aus der westlichen Höhenströmung aus.

a) Auf der Südhalbkugel scheren Tiefdruckgebiete nach ...., Hochdruckgebiete nach .... aus der westlichen Höhenströmung aus.

b) Tiefdruckgebiete scheren also aus der Frontalzone ....

Hochdruckgebiete scheren aus der Frontalzone .... aus.

c) Im statistischen Mittel müssen sich daher auf der polaren Seite der Frontalzone bei etwa 60°—65° die ....druckgebiete häufen, auf der äquatorialen Seite der Frontalzone bei etwa 30—35° müssen sich die .... druckgebiete häufen.

Kapitel 4 Die Luftdruckgürtel und Windgürtel der Erde

Aus der Häufung der Tiefs bzw. Hochs auf der polaren bzw. äquatorialen Seite der Frontalzone ergibt sich bei etwa 60°—65° eine Rinne tiefen Luftdrucks, die **subpolare Tiefdruckrinne,** bei 30°—35° eine Zone hohen Luftdrucks, der **subtropische Hochdruckgürtel.** **4.01**

a) Auf der Südhalbkugel gehören zum subtropischen Hochdruckgürtel die Hochdruckgebiete SPH, ... und ....

b) Die Tiefdruckgebiete SAT und SPT gehören zur .... der Südhalbkugel.

4.02 *a) NPH und NAH sind als Glieder des ....*

.. ausgebildet.

b) Zur subpolaren Tiefdruckrinne der Nordhalbkugel gehören die Tiefdruckgebiete

.... und ....

4.03 *Im Winter bilden sich über den Kontinenten Kältehochs, nämlich das .... und das ....; im Sommer treten an ihre Stelle die Hitzetiefs .... und ....*

4.04 *An einzelnen Tagen können an Stelle der Hochdruckgebiete im subtropischen Hochdruckgürtel sehr wohl .... auftreten, und in der subpolaren Tiefdruckrinne können kräftige .... vorkommen.*

4.05 *Die Tiefdruckgebiete der subpolaren Tiefdruckrinne und die Hochdruckgebiete des subtropischen Hochdruckgürtels bilden sich in der ...., aus der sie ....-wärts bzw. ....-wärts ausscheren.*

4.06 Drei Glieder der allgemeinen Zirkulation der Atmosphäre:

a) die .... Tiefdruckrinne bei etwa .... Breite

b) den subtropischen .... bei etwa .... Breite

c) die auf jeder Halbkugel in den mittleren Breiten zwischen beiden Luftdruckgürteln in der Höhe liegende ....

bzw. den ....

d) Durch die dauernd sich bildenden Hoch- und Tiefdruckgebiete, die in der westlichen Höhenströmung mitschwimmen, wird das Wetter in den mittleren Breiten, also auch bei uns in Mitteleuropa, sehr .... gestaltet.

In den mittleren Breiten herrschen am Boden und in der Höhe **4.07**

....

---

a) Die beiden Luftdruckgürtel, zwischen denen der Westwindgürtel entwickelt ist, **4.08**

heißen: ....

....

b) An den Polen bzw. den polnahen Kontinenten herrschen die niedrigsten Temperaturen auf der Erde; hier bilden sich deshalb am Boden thermisch bedingte ....

....

Da der Luftdruck in kalter Luft schneller mit der Höhe abnimmt als in warmer, finden **4.09**

sich in Polnähe in der Höhe die polaren ....

Von den polaren Kältehochs stellt sich in Bodennähe ein Luftdruckgefälle zur subpolaren Tiefdruckrinne ein. **4.10**

Diesem Luftdruckgradienten entsprechen — läßt man die Reibungskraft außer acht —

auf beiden Halbkugeln Winde aus .... *Richtung.*

Man nennt diese Winde daher die polaren Ostwinde. **4.11**

Sie werden durch die Reibungskraft am Boden auf der Nordhalbkugel zu ....

..............*-winden, auf der Südhalbkugel zu* ....*-winden abgelenkt.*

Die polaren Ostwinde sind in der Höhe von .... *Höhenwinden überlagert.* **4.12**

Luftdruckgürtel und Windgürtel zwischen 25° und 90° geographischer Breite in den unteren 0—3 km der Atmosphäre **4.13**

Breitenlage	Luftdruckgürtel	Windgürtel
80°—90°		▬▬▬
65°—80°	▬▬▬	
55°—65°		▬▬▬
35°—55°	▬▬▬	
25°—35°		▬▬▬

4.14 *Von den subtropischen Hochdruckgebieten nimmt der Luftdruck zum Äquator hin ab. Diesem Druckgefälle entspricht oberhalb der Bodenreibungsschicht ein Wind aus .... Richtung.*

4.15 *Unter den östlichen Höhenwinden wehen die Winde in Bodennähe*
auf der Nordhalbkugel aus .... Richtung,
auf der Südhalbkugel aus .... Richtung.

4.16 *Die entsprechenden Winde innerhalb der Bodenreibungsschicht bilden*
auf der Nordhalbkugel den ....-Passat,
auf der Südhalbkugel den ....-Passat.

4.17 *Die Passate der nördlichen und südlichen Halbkugel strömen in der Nähe des .... zusammen: sie „konvergieren".*
Darum heißt die Zone auch „Zone der innertropischen .... "

4.18 *Aus dem Konvergieren der Passate an der ITC resultiert eine .... Luftbewegung. Die Lufttemperatur .... Der in der Luft enthaltene Wasserdampf ....,*
es kommt häufig zu ....

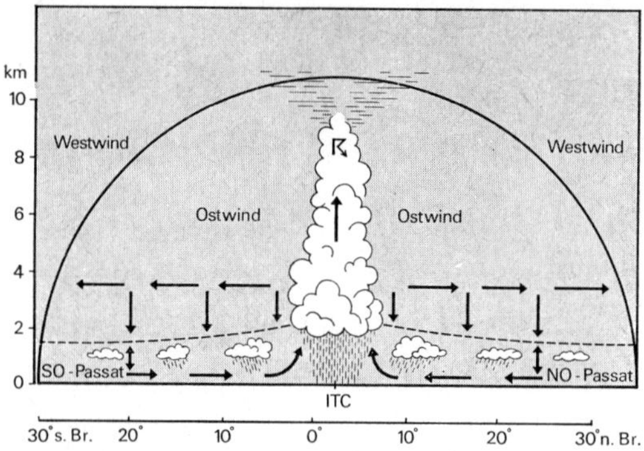

4.19 *Die ITC liegt nicht genau am Äquator, sondern „nur" in seiner Nähe, und zwar dort, wo der .... Luftdruck am Boden herrscht.*

4.20 *Die ITC ist gleichzeitig die Zone höchster Temperaturen,...................... Luftdrucks und .... Niederschlagsmengen.*

4.21 ....
....
....
....
....

Der Urpassat ist nicht immer als reine Ostströmung ausgebildet, sondern weht teilweise auf der Nordhalbkugel aus .... Richtung, auf der Südhalbkugel aus .... Richtung. **4.22**

Dadurch wird gewährleistet, daß die in der Nähe des Äquators zusammenströmende und aufsteigende Luft sich dort nicht staut. Vielmehr wird diese Luft in Richtung zu .... zurücktransportiert. **4.23**

Absinkende Luft **4.24**

....

....

....

....

....

.... **4.25**

....

....

....

....

....

....

....

....

....

Die tropischen Ostwinde können nur bis in die Höhe reichen, in der noch das Luftdruckgefälle vom .... zum .... besteht. **4.26**

4.27 *Westwinde können auf der Erde nur bei einem Luftdruckgefälle von ....*

Breiten zu .... Breiten auftreten. Über den tropischen Ostwinden setzt sich also wieder das für die ganze Erde in der Höhe dominante Druckgefälle vom

.... zum .... durch.

4.28 Luftdruckgürtel und Windgürtel in den unteren 0—3 km der Atmosphäre

Breitenlage	Luftgürtel	Windgürtel
0°—5°		▬
5°—25°	▬	
25°—35°		▬
35°—55°	▬	
55°—65°		▬
65°—80°	▬	
80°—90°		▬

4.29 *In 5 km Höhe sind nur noch je zwei Luftdruck- und Windgürtel zu beobachten:*

Luftdruckgürtel: ....

Windgürtel: ....

Über diesen Windgürteln herrschen ab etwa 10 km Höhe die dem dominanten Druckgefälle vom Äquator zum Pol entsprechenden .... Winde überall auf der Erde vor.

Kapitel 5 Die äquatoriale Westwindzone

Die ITC liegt in der Nähe des **5.01**

---

a) Im Nordsommer ist die ITC vom Äquator nach .... verschoben. **5.02**

b) Im Südsommer (= Nordwinter) ist die ITC vom .... nach

.... verschoben.

c) Besonders weite Verlagerungen der ITC sind über den ....
(Ozeanen, Kontinenten) zu beobachten.

d) Am geringsten ist die Verschiebung der ITC über dem ....

....

Im Nordsommer (= Südwinter) liegt die Zone stärkster Erwärmung **5.03**

.... vom Äquator;

Im Nordwinter (= Südsommer) liegt sie .... vom Äquator.

Die Zone höchster Lufttemperaturen verlagert sich auf der jeweiligen Sommerhalbkugel auf den Kontinenten .... als auf den Ozeanen. **5.04**

Diese Wetterkarte könnte aus dem **5.05**

Monat ....
stammen:

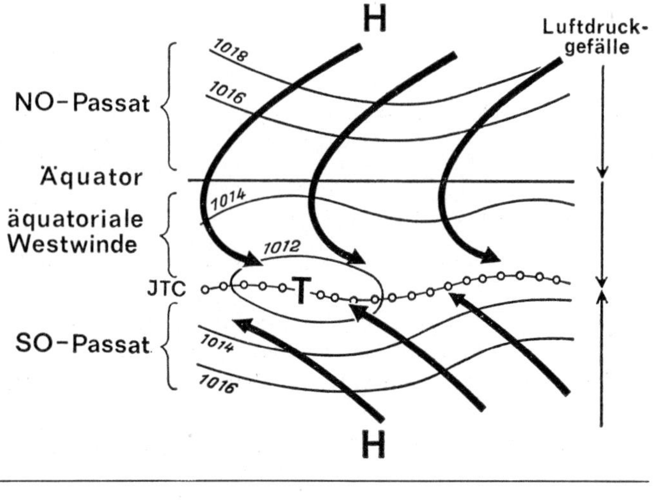

5.06 *Am Äquator selbst wehen die Winde direkt von Norden nach Süden entsprechend der Richtung des Luftdruckgradienten, denn die Corioliskraft ist hier ja*

c = ...

In einiger Entfernung vom Äquator, etwa ab 5° g. Br., wenn die Corioliskraft genügend

. . . . (groß, klein) ist, wehen die Winde zwischen dem Äquator und der ITC

am Boden jedoch aus . . . . Richtung.

5.07 *Aus dem von Norden (Äquator) nach Süden (ITC) gerichteten Druckgefälle auf der*

Südhalbkugel resultieren oberhalb der nordwestlichen Bodenwinde . . . .-winde.

5.08 *Die äquatorialen Westwinde haben auf der Südhalbkugel in Bodennähe eine . . . .*

. . . . . Richtung.

5.09

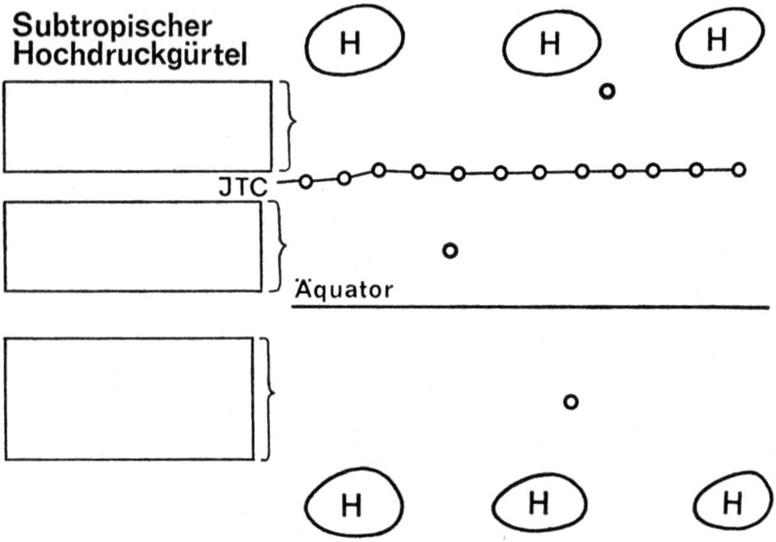

Subtropischer Hochdruckgürtel

H H H

JTC

Äquator

H H H

5.10 *Auf der Nordhalbkugel werden die äquatorialen Westwinde durch die Reibungskraft*

umgelenkt zu . . . .-winden.

5.11 *In Abb. 20 (BEIHEFT; siehe auch oben Antwort zu LE 4.18) liegt die ITC direkt am*

Äquator. Darum fehlen hier die . . . .

5.12

a) Der bei weiter polwärtiger Verlagerung der ITC sich einstellende Luftdruckgradient vom Äquator zur ITC findet sich nur in den unteren ...... km der Atmosphäre. b) Darüber bleibt der von dem subtropischen Hochdruckgürtel .... gerichtete Druckgradient erhalten.

5.13

a) Die äquatorialen Westwinde haben eine vertikale Erstreckung von etwa .... km.

b) Darüber wehen die .... entsprechend

dem Druckgefälle vom ....

.... *zum* ....

5.14

a) Bevorzugte Gebiete für die Ausbildung einer äquatorialen Westwindzone sind

....

b) Auf dem Atlantischen und Pazifischen Ozean treten äquatoriale Westwinde auf — nicht auf. Begründung:

....

....

....

....

5.15

Kontinent — Abb. ... (Beiheft) *Ozean — Abb. ... (Beiheft)*

5.16

Luftdruckgürtel und Windgürtel auf der Erde in den unteren 0—3 km der Atmosphäre

Breitenlage	Luftdruckgürtel	Windgürtel
0°—5°		▬
z. T. auf Kontinenten: 5°—25°		
5°—25°	▬	
25°—35°		▬
35°—55°	▬	
55°—65°		
65°—80°	▬	
80°—90°		▬

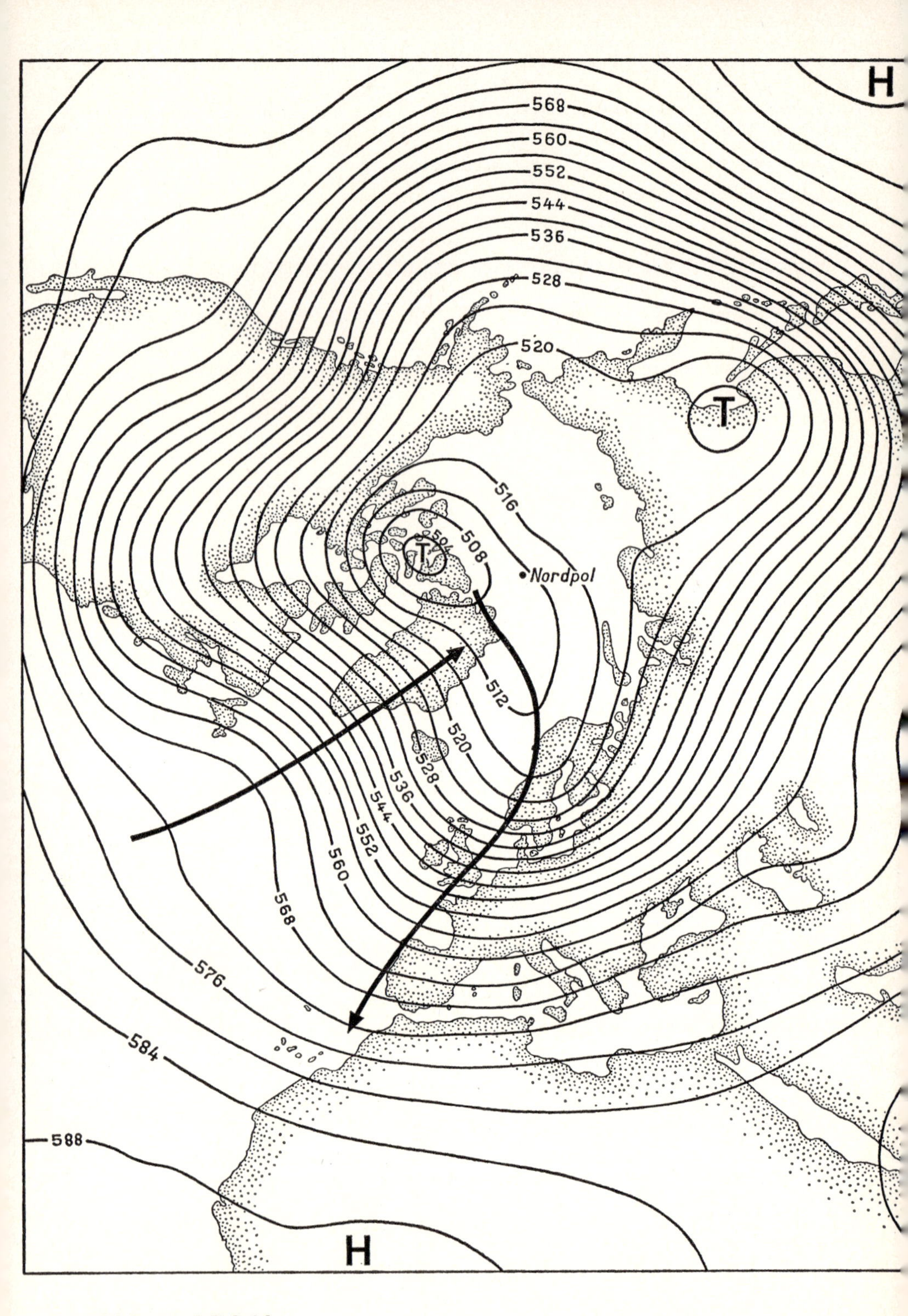
H
568
560
552
544
536
528
520
T
516
508
504
T
Nordpol
512
520
528
536
544
552
560
568
576
584
588
H

Abb. zu LE 3.06